LES

VINS DE GRAVES

DE LA GIRONDE

PAR

JEAN LACOU

Auteur du Guide du Voyageur à Arcachon et des Essais sur les travaux
du Port de Refuge.

BORDEAUX

IMPRIMERIE EUGÈNE BISSEI

43, RUE PORTE-DIJEAUX, 43

—

1866

LES VINS DE GRAVES DE LA GIRONDE

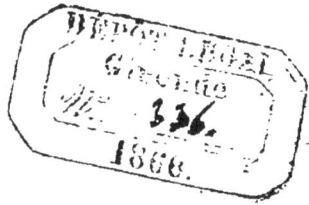

LES

VINS DE GRAVES

DE LA GIRONDE

PAR

JEAN LACOU

Auteur du Guide du Voyageur à Arcachon et des Essais sur les travaux
du Port de Refuge.

BORDEAUX

IMPRIMERIE EUGÈNE BISSEI

43, RUE PORTE-DIJEAUX, 43

—

1866

LES

VINS DE GRAVES DE LA GIRONDE

Les Vins de Graves de la Gironde sont aussi recherchés que ceux du Médoc et datent même d'une époque bien plus ancienne. Le centre du Médoc est aussi éloigné de Bordeaux que Sauternes, cette délicieuse commune qui produit les premiers vins du monde !

Il faut donc aller à environ six lieues de Bordeaux pour visiter, d'un côté, les grands et magnifiques vignobles du Médoc, et de l'autre, les communes qui produisent les vins blancs de Graves, telles que Sauternes, Bommes, Fargues, Barsac, Preignac, Pujols, Cérons et Podensac.

Il en est de même quand on veut visiter les grands crûs qui produisent les riches vins de Saint-Emilion et de Fronsac.

Bordeaux est donc, pour ainsi dire, flanqué de collines et de coteaux richement complantés de vignobles rouges et blancs.

Ces collines et ces coteaux sont parfaitement divisés vers les quatre points cardinaux : Sauternes au levant, le Médoc au couchant, Saint-Emilion au nord, et les Graves au Midi.

Les vins de Bordeaux, connus du monde entier, proviennent donc de ces riches campagnes qui entourent la capitale de la Guienne. Le Bordelais est, par rapport à ses grands vins, le pays le plus fortuné de l'Univers, et la Gironde le plus riche des départements de France.

Divers traités sur les vins du Médoc ont déjà été publiés par différents auteurs. Tous ces ouvrages, pleins de discernement et d'érudition, font honneur à MM. Charles Cocks, Biarnez, V. Franck, docteur Aussel, etc. Mais il s'en va temps que les vins de Graves aient, eux aussi, leur traité particulier. Nous allons donc essayer de remplir cette lacune qui ne

devrait pas exister, vu que les vins de Graves sont
les plus anciens du département de la Gironde.

Tout le monde ne peut pédestrement aller, en se
promenant, visiter le Médoc, ni Sauternes, ni Saint-
Emilion. Déjà depuis longtemps on a vanté tous ces
pays. Mais les jolies communes qui se trouvent aux
portes de Bordeaux, telles que celles de Caudéran,
Mérignac, Pessac, Talence, Gradignan, Léognan,
Bègles et Villenave-d'Ornon, méritent mieux d'être
chantées, tant il y a de fraîcheur et de poésie dans
tous ces biens de campagnes aux pelouses vertes,
aux jardins fleuris et aux magnifiques ombrages si
connus et toujours admirés des promeneurs de la
grande et belle cité de la Gironde!

Ce sont donc toutes ces campagnes garnies de ces
jolis vignobles produisant les vins de Graves de la Gironde, dont nous allons entreprendre l'histoire, en
commençant par celle de Pessac.

Ainsi, Caudéran, Mérignac, le Tondu, Pessac,
Talence, Bègles, Gradignan et Villenave-d'Ornon,
puis un peu plus loin Léognan, Saint-Médard d'Eyrans, Martillac, Labrède, Saint-Morillon, Saint-Selve,
Virelade, et enfin Podensac, Cérons, Illats, Barsac,

Preignac , Pujols, Bommes, Fargues et Sauternes.
Toutes ces jolies communes auront chacune leur histoire comprenant la description de chaque village
et la classification de tous leurs grands vins (1).

L'Histoire des *Vins de Graves de la Gironde* sera
publié par livraisons :

La première partie comprendra : PESSAC ;
La deuxième : LE TONDU, CAUDÉRAN et MÉRIGNAC ;
La troisième : TALENCE et GRADIGNAN ;
La quatrième : BÈGLES et VILLENAVE-D'ORNON ;
La cinquième : LÉOGNAN ;
La sixième : MARTILLAC, SAINT-MÉDARD-D'EYRANS et
LABRÈDE :
La septième : SAINT-MORILLON, SAINT-SELVE et VIRE-
LADE ;
La huitième : SAUTERNES, BOMMES et FARGUES ;
La neuvième : BARSAC PREIGNAC et PUJOLS ;
La dixième : CÉRONS, PODENSAC et ILLATS.

L'ouvrage complet, édition de luxe, illustré de
plusieurs gravures, formera un volume in-octavo d'environ 300 pages.

1, A la fin de notre ouvrage, nous publierons les tableaux de
tous les crûs et la classification des vins rouges et blancs des
Graves de la Gironde.

PREMIÈRE PARTIE

——

PESSAC

——

Pessac, chef-lieu de canton, situé à cinq kilomè-
tres de Bordeaux, sur une position élevée, est re-
nommé par son bon air, ses belles eaux, ses fruits,
ses légumes, ses frais ombrages et ses excellents
vins de Graves, dont le premier crû, château Haut-
Brion, rivalise avec les trois premiers grands crûs
du Médoc.

Pessac est traversé par la route départementale
de Bordeaux à Arcachon et par le chemin de fer du
Midi, qui correspond aujourd'hui avec les Pyrénées,
Arcachon et l'Espagne.

Les vins de Graves n'ont pas autant de bouquet,
de moelleux, ni de velouté que ceux du Médoc, ni
peut-être autant de parfum que ceux de Bourgogne;
mais pour la finesse, la sève, la générosité, la couleur
brillante et la fraîche odeur, comme celle du tilleul

et de la vigne en fleur, ils sont presque incomparables, et après quinze et vingt ans de bouteilles, on les savoure encore avec délices.

Le château du Haut-Brion possède un enclos grandiose et d'une sévère beauté; à l'entrée de la commune de Pessac, flanqué de pavillons, surmonté de tourelles, couronné de mansardes, et sur le faîte du pavillon principal, deux énormes grappes de raisins dorés forment les girouettes. Voilà le château assis dans un vallon et entouré, d'un côté, par un grand parc clos de murs et formé par diverses essences d'arbres épais, et d'un autre côté par les riches et beaux vignobles situés sur des collines de terres fortes et graveleuses, produisant les vins de ce crû célèbre.

Le Médoc est le pays le plus riche de l'Europe, par rapport à ses vignobles, produisant en quantité les premiers vins rouges du monde, bouquet de violette, couleur charmante, tirant sur le carmin foncé, saveur fraîche et puissante, délicatesse et générosité embaumant l'haleine et laissant de la fraîcheur dans la bouche; tels sont à peu près les caractères de cette bonne liqueur qu'on nomme vin, qui a inspiré tant de poètes et charmé tant de philosophes, depuis Diogène et Anacréon, en passant par Desaugiers, Armand Gouffé et Béranger, jusques aux membres du caveau actuel et de toute société de gais buveurs.

Les campagnes du Médoc sont attrayantes avec

leurs beaux vignobles et tous ces châteaux frais ou vieux, et ces maisons de plaisance qui se montrent à chaque instant au voyageur, au milieu de cet océan de pampres verts et garnis, en été, de ces doux fruits dont la liqueur qui en découle fait les délices du monde entier !

De Blanquefort à Saint-Vivien, que de belles propriétés ne voit-on pas en parcourant toutes ces charmantes petites villes et ces gais villages qui font porter leurs noms à la plupart de leurs vins. Les premiers crûs se trouvent dans les communes de Pauillac, Saint-Lambert, Margaux, Saint-Julien, Saint-Estèphe et Cantenac. Tels sont, en première ligne, château Lafite, châteaux Margaux et Latour ; le château Haut-Brion, classé avec les trois premiers grands crûs de la Gironde, se trouve dans la commune de Pessac, près Bordeaux.

Les trois premiers grands crûs du Médoc, que nous venons de nommer, produisent environ 400 tonneaux de vin qui se vendent, en moyenne, de 3 à 4,000 fr. le tonneau.

Le château Haut-Brion, qui rivalise avec Lafite, Margaux et Latour, produit environ 100 tonneaux, qui se vendent le même prix que les trois premiers grands crûs du Médoc.

Les premiers vins de la Gironde furent récoltés dans les graves des environs de Bordeaux, et le Médoc commençait dans la commune de Pessac, si l'on peut s'en rapporter à quelques anciens titres concernant cette localité.

La commune de Pessac, la première citée pour les premiers vins de Graves de la Gironde, possède aussi les crùs célèbres de la Mission, du Pape-Clément et de Candeau.

Les vins de Graves, nous l'avons déjà dit quelque part, n'ont pas le moelleux ni le velouté des vins du Médoc : mais en revanche, ils ont plus de couleur, de finesse, de sève et une générosité sans pareille!

Le château Haut-Brion date du XIVe siècle : en 1500, il appartenait à Jean de Ségur; 30 ans plus tard, à Jean Duhalde; plus tard, au seigneur de Pontac; en 1700, à M. de Fumel, ensuite à M. Michel, puis à M. Beyermann, et actuellement à M. Amédée Larrieu, membre du Conseil général de la Gironde.

Les vins de Pessac ont une réputation bien plus ancienne que ceux du Médoc, parce que la culture de la vigne, dans les graves de Bordeaux, a été la première de tout le département.

Les grands et beaux vignobles du château du Haut-Brion s'étendent vers les campagnes du Tondu, d'une part; et de l'autre, vers celles de Talence, et forment un des plus beaux domaines du département de la Gironde.

Les vins du château Haut-Brion ont une couleur aussi vive que brillante, une sève particulière, de la finesse, du corps, et un bouquet des plus frais et des plus agréables.

La générosité de ce grand vin se reconnaît après l'avoir bu ; on sent dans le corps comme un élan de flamme, qui semble vous faire revivre ; c'est le vin qui peut rendre le mieux la force à la vieillesse et aux personnes d'une santé débile ; car c'est pour lui, je pense, que le chansonnier F. Vergeron a dit dans sa chanson du *Revenant* : que c'est un vin qui réveille les morts !

Les vins du Haut-Brion n'ont pas besoin d'être prônés davantage, leur réputation est déjà bien ancienne et connue des quatre parties du monde. — Mais nous recommandons à nouveau cet excellent vin à MM. les gens du nord de l'Europe ; et si le Médoc embaume l'haleine, charme l'esprit, réjouit l'âme, enivre les sens et fait épanouir le cœur, les vins de Pessac et particulièrement ceux du quartier du Haut-Brion, du Monteil, du Poujeau et du clos Saint-Martin vous parfument l'odorat par leur fraîche odeur ; ils vous raniment au point de vous rendre en gaîté au milieu des plus grandes défaillances ; ils mettent la jeunesse soucieuse en bonne humeur, donnent à tous ceux qui les savourent du ton, de la force et du courage, et rendent à la vieillesse un si bel espoir d'avoir encore de longs jours, qu'ils la font renaître comme aux plus beaux jours de son printemps !

Le quartier du Haut-Brion comprend les propriétés de la Mission, Candeau, Giac, La Tour, Cholet et Comte.

La Mission est un crû célèbre, situé en face le Haut-Brion; la route départementale sépare seule ces deux propriétés. La Mission, appartenant à M. Chiapella, produit un vin de Graves classé, qui tient le milieu entre le Haut-Brion et le Pape-Clément. L'aspect de cette propriété, très-bien située, du reste, au faîte d'une colline, n'a rien d'attrayant comme propriété de campagne. C'est un vaste enclos de vignes, entourant l'ancienne habitation, presque sans ombrages, qui fut créée par les premiers missionnaires de la Gironde, tout comme le clos Vougeot, en Bourgogne, le fut par les moines de Cîteaux. Les maisons de campagne, situées en face de la Mission, sont délicieusement posées au bord de la route départementale. Du premier étage de ces maisons on jouit d'un panorama qui s'étend à six lieues à la ronde.

Candeau, à M. Bahans, propriété d'agrément et possédant quelques beaux vignobles, sur un coteau très-bien situé, en face le Haut-Brion, de l'autre côté du chemin de fer et sur le chemin de la Médoquine à Pessac; les vins de Candeau sont classés tout comme ceux de Giac et de Cholet, qui les entourent d'une part et de l'autre par une partie des vignobles du Haut-Brion. Giac (Haut-Brion) à M. Jean Lacou, est un domaine situé entre Candeau et une partie des vignobles du Haut-Brion, dont la pièce elle-même est mitoyenne avec celle de la Mission, produit des vins estimés, tout comme ceux de Candeau. Ces parties de vignobles, qui longent la ligne gauche du chemin de fer de Bordeaux à Bayonne, ont leur territoire formé de terres fortes et graveleuses et fournissent des vins riches et brillants : ils acquièrent un joli bouquet en vieillissant et peuvent supporter quinze ans de bouteilles sans perdre de leur vertu.

M. le baron Sarget, qui possède une magnifique propriété en face de M. Bahans, a, lui-même, une pièce de vignes dans ces parties, entre la Mission et Candeau.

Les vins de ces vignobles ainsi que ceux de la sénatorerie de Cholet, en face de Giac et de la Mission, et ceux de la Tour-Haut-Brion, appartenant à M. Louis Uzac, se vendent sous le nom de vins du quartier Haut-Brion. Le château de Cholet, ancienne sénatorerie, ayant appartenu à M. Joseph Cayrou, vient, dit-on, d'être vendu à M. Wustemberg.

Le domaine de Comte, à M. le baron Sarget, est un des plus beaux de Pessac : grands arbres, fraîches prairies arrosées par le ruisseau de Gazinet, jardins remplis de fleurs, et terminé par un beau vignoble fournissant des vins classés et estimés tout comme ceux de Cholet et de la Tour-Haut-Brion.

MM. Auguste Meller, Curcier, Bernos et Masson

font aussi d'excellents vins provenant de leurs charmantes propriétés.

En quittant le quartier Haut-Brion, on rentre dans le gros bourg de Pessac; à droite, se trouve le village du Poujeau, et un peu plus loin, dans la même direction, celui du Plantier de Noës. Le Poujeau est dominé par l'élégant et frais château de M. de Choisy, conseiller à la Cour Impériale de Bordeaux. Ce joli domaine, qui porte le nom de Château de Bellegrave, ayant appartenu à M. Néron, est embelli par de beaux vignobles dont les vins sont excellents. On aime à contempler ce joli manoir avec sa tour crénelée et sa charmante tourelle dont la flèche s'élève coquettement vers le ciel! Comme l'aspect d'un château, si petit et si simple qu'il soit, embellit et pare bien une campagne! On ne peut comprendre le goût de certains propriétaires qui, possédant de beaux domaines dans de belles positions, se complaisent à faire construire des maisons carrées ou en forme de parallélogramme; passe pour la ville, on ne peut faire autrement, les maisons y doivent régner avec leur symétrie! Mais à la campagne, au milieu des grands bois, des vignobles, des riches terres ou des frais pâturages, il ne doit plus être de goût d'y construire une maison! il faut du soleil pour donner de la gaîté et de la splendeur aux champs, tout comme il faut des manoirs pour animer le paysage, les châteaux, les châtelets et les chalets aux constructions hardies, sévères, élégantes, avec une ornementation capricieuse, fantaisiste et originale. Nous rappelons sans cesse Lorient, la Suisse, les Pyrénées et les siècles de Louis XIII et de Louis XV ! Faites donc des châlets dans les jolis biens de campagne et des châteaux dans les grands ou beaux domaines ; il faut que le voyageur et le touriste ne passe pas indifféremment devant la propriété; la vue d'un élégant châlet ou d'un joli château doit attirer ses regards, et pour le touriste, il doit l'exciter à écrire de charmantes pages, lui rendre de vieux souvenirs et faire renaître en lui le goût des douces ballades d'autrefois.

Il faut des tours et des tourelles ! des créneaux, des donjons, des machicoulis, des pavillons ardoisés aux faitages couronnés d'ornements en fer ! Il faut des paratonnères élancés, des girouettes antiques et des flèches aux tourelles gothiques, avec des fleurs épanouies au bout de leurs tiges métalliques; il faut que le lierre et la vigne vierge tapissent les murs des châteaux et ne laissent apercevoir que les joyeuses ouvertures des fenêtres à ogives ; il faut des cours dallotées, des porches blasonnés, des escaliers ornés de statues antiques et une grille au-devant du manoir ! Pour lui donner ce beau cachet de châtellenie ou de demeure seigneuriale ! Il est si doux d'entendre lire ces chants graves et joyeux des trouvères et des troubadours d'autrefois, alors qu'ils célébraient dans

2

leurs légendes ou leurs sonnets, les seigneurs et
maîtres de ces belles demeures, et qu'ils dédiaient
leurs lais ou leurs romances aux douces châtelaines
et à ces beaux enfants aux cheveux soyeux et bou-
clés, qui montraient souvent leur gracieux visage à
travers l'antique fenêtre, curieuses de voir dans la
cour ou les jardins du manoir le pèlerin ou le trou-
badour dont l'un venait apporter une prière et l'autre
un soupir de son cœur.

Espérons que Pessac ne sera pas le dernier à donner un relief à ces campagnes, en construisant des
habitations d'un style antique ou renaissance.

A partir du domaine du château de Bellegrave et
dans toute cette partie comprise entre le château
le Monteil, la route départementale et le vallon du
Peugue, se trouvent divers petits vignobles aux
lieux dits le Poujeau et la Canelette. Ces vignobles,
appartenant à divers, sont tous situés sur le faîte
d'une colline et produisent des vins excellents et
d'un goût exquis.

A côté du château de Bellegrave, on aperçoit, sur
la route de Pessac à Mérignac, la jolie propriété du
Vallon, ayant appartenue à M. Lebarillier, et aujour-
d'hui à MM. Faure frères.

Un magnifique pavillon octogone, construit par le
célèbre architecte Louis, à qui Bordeaux doit la construction de son beau théâtre, forme l'habitation de ce
frais domaine, traversé par le ruisseau du Peugue.

La propriété du Vallon a peu de vignobles qui se trouvent contigus au château de Bellegrave, mais elle est des plus agréables sous le rapport des ombrages et des beaux jardins.

En face la propriété du Vallon, se trouve celle de MM. Journu et de Clouet; on peut dire que c'est la plus belle et la plus grandiose de tout Pessac. Belle et somptueuse demeure! sur le plateau d'une belle colline que commande le vallon du Peugue; grandes prairies entretenues avec art et soin; beaux arbres épars ou formant des groupes de bosquets admirables, dont les racines vont chercher la fraîcheur dans les eaux du Peugue, qui serpente gracieux au milieu de ce beau domaine; garennes aux arbres séculaires, grands bois taillis, avec des belles promenades! Massifs de fleurs au milieu des pelouses et près des bosquets, et un charmant vignoble produisant de très-bons vins. Voilà ce domaine que l'on peut regarder comme un des plus beaux et des mieux agencés de la Gironde.

Après MM. Journu et de Clouet, vient la propriété de Mme veuve Thomas; c'est un joli séjour de création un peu antique. La maison se trouve à demi-cachée parmi les grands arbres qui l'environnent. En face, est un charmant vignoble dépendant de la propriété et fournissant de bons vins, en suivant le chemin de Noës. Après avoir dépassé Mme veuve Thomas, on se trouve devant la propriété de M. Fournier, que l'on peut dire bonne et bien tenue. Cette propriété, traversée par le Peugue, renferme d'excellentes prairies et un beau vignoble sur le coteau, entre-coupé de larges allées ombragées par des pommiers qui sont peut-être les plus beaux et les plus productifs de Pessac. Le vignoble de M. Fournier produit des vins classés et d'un goût excellent. C'est une véritable propriété de rapport que celle de M. Fournier, et très-bien située à l'angle de deux chemins vicinaux, sur lesquels elle a une longue façade.

En remontant du quartier de Noës vers la route départementale, on arrive aux villages de Madran et du Monteil, quartier du Pape-Clément. Ces grands arbres, qui s'élèvent majestueux vers les nues, annoncent la propriété du château de Sainte-Marie : château historique fondé et bâti par le célèbre chanoine de Bordeaux, Bertrand de Goth, qui devint plus tard archevêque de cette ville, et fut élu pape, sous le nom de Clément V, au commencement du XIIIe siècle.

Le château de Sainte-Marie-Pape-Clément appartient aujourd'hui à M. J.-B. Clerc, armateur à Bordeaux.

Après les vins du Haut-Brion, ceux du Pape-Clément sont classés à ses côtés; ce sont des vins corsés, riches et d'une sève tout à fait particulière.

L'ancien vignoble du Pape-Clément se trouve situé

entre la propriété de M. F. Couture, maire de Pessac, et une partie de celle de M. F. Clouzet. M. Clerc est bien l'homme qui mérite le plus de récompenses pour les soins qu'il met à l'entretien de sa propriété et à ceux qu'il donne aux beaux vignobles de ce crû de premier ordre.

Outre le vieux vignoble du Pape-Clément, M. Clerc a créé lui-même, à côté, un autre vignoble d'une contenance de vingt hectares, et qui est sans doute un des mieux soignés du département de la Gironde.

Le sol consacré à l'ancien vignoble du Pape-Clément est un mélange de sable graveleux et argilo-marneux, et celui créé par M. Clerc, dans la même propriété, est composé de sable graveleux, reposant sur des pierres ferrugineuses. Quand on visite ce beau domaine, on reste en admiration devant cette belle plaine complantée en vigne, arrangée avec un art et un goût parfaits; chaque cep est soigné et entretenu d'une façon admirable au milieu de ses belles *rèyes* toujours propres et fraichement travaillées, et dont les travaux de drainage ne laissent rien à désirer.

Nous croyons être agréable à nos lecteurs en leur mettant sous les yeux le rapport de M. Bouchereau, membre de la Société d'agriculture de la Gironde et propriétaire du château de Carbonnieux, produisant des vins blancs se rapprochant de ceux du Johanisberg, mais que nous préférons à ceux du Rhin, n'en

déplaise à M. de Metternich. Les vins du château de
Carbonnieux jouissent, du reste, d'une réputation
trop ancienne pour ne pas qu'on leur laisse ce renom
si justement mérité, et qui ne s'éteindra jamais!

M. Bouchereau est, comme M. Clerc, un homme
de goût et de progrès, témoin ce beau vignoble de
Carbonnieux, travaillé, entretenu et soigné à l'admiration de tous ceux qui le visitent. Cette belle propriété renferme, dit-on, des plans de vignes de tous
les cépages de l'univers! Voici le rapport de M. Bouchereau sur le vignoble du Pape-Clément :

« MESSIEURS,

» Vous avez nommé une commission, composée de
MM. Bonnet, Dupont, Clémenceau, Dupuy de Maconnex
et Bouchereau, pour aller visiter, examiner et vous rendre compte des plantations de vignes faites par M. Clerc,
sur son domaine du Pape-Clément, à Pessac, graves de
Bordeaux.

» Je viens, Messieurs, au nom de cette commission,
m'acquitter de ce devoir.

» Tout d'abord, je dois vous l'avouer, la commission a
été frappée d'un profond respect et d'un sentiment d'or-
gueil que vous partagerez tous, en songeant que cette
propriété avait appartenu à Bertrand de Goth, né à Vil-
landraut, devenu chanoine de Bordeaux, puis évêque de
Comminges, nommé en 1300 archevêque de Bordeaux,
élu pape le 5 juin 1305. En s'éloignant de son ancien dio-
cèse, Clément V lui laissa un dernier souvenir de son
affection ; il fit donation du domaine de Pessac au car-

dinal Arnaud de Canteloup, archevêque de Bordeaux, pour lui et ses successeurs, qui en ont joui jusqu'en 1791.

» Pendant ce long espace de temps, les vins du Pape-Clément n'ont cessé de jouir d'une bonne, belle, grande, pure réputation : c'est que la vigne était livrée à des esprits intelligents, profondément convaincus de la haute mission civilisatrice qui leur avait été confiée.

» Depuis, les vins du Pape-Clément ont eu diverses vicissitudes en changeant de propriétaires.

» Aujourd'hui, Messieurs, votre commission est heu-reuse de le proclamer : une ère nouvelle commence pour le Pape-Clément ; les anciennes traditions revivent avec M. Clerc ; les plants fins, ce que la Bourgogne appelle les plants nobles, ce que j'appellerais, Messieurs, devant vous, les plants aristocratiques, — car ils forment le blason qui décore les premiers grands crûs des vins rouges de la Gironde, les *Carmenets* enfin, — ont retrouvé leur ancienne place sur cette terre qui leur était si chère, et vont communiquer aux produits qu'ils donneront, à la fois cette douce chaleur, ce parfum, ce bouquet, cet ensemble précieux qu'on ne peut définir, qui constitue l'essence divine de nos grands vins.

» Pour la culture de ses vignes, M. Clerc a préféré la méthode du Médoc, c'est-à-dire la charrue : introduction heureuse pour cette partie de nos vignobles, qui manque de bras, à cause du voisinage de la ville, et qui mérite de vous être signalée.

» Quant aux plantations de vignes faites l'an dernier et cette année-ci par M. Clerc, elles couvrent une étendue d'environ 20 hectares. Tous les soins possibles ont été pris pour le défoncement et le nivellement du terrain, ainsi que pour le parfait écoulement des eaux. Cette plantation peut être citée comme modèle ; aussi la réussite est-elle déjà assurée ; la Providence n'a pu que bénir et cou

ronner de si intelligents efforts. Nous ne serons pas en
reste avec elle, Messieurs, et votre commission a l'honneur de vous proposer d'accorder, comme récompense, à
M. Clerc, une médaille d'or.

» BOUCHEREAU, *rapporteur.* »

Nous ajouterons à cela que, comme position, le
château de Sainte-Marie est la plus belle de Pessac;
des fenêtres du château et même des allées qui sil-
lonnent les belles prairies de ce beau domaine, on
découvre tout Pessac et une grande partie de Bordeaux; en parcourant les frais jardins du château,
on arrive à se promener sous des grands arbres antiques, tels que chênes, tilleuls et ormeaux, tous pleins
d'ombre et de poésie, où gazouillent et s'ébattent
sans cesse les joyeux chantres des bois!
Sur le penchant de la colline et au bas même d'un
joli vallon qui domine l'ancien domaine du Pape-
Clément, on aperçoit la charmante propriété de
M. F. Couture, ombragée, elle aussi, par de beaux
arbres antiques. M. Couture possède un vignoble attenant au Pape-Clément, produisant des vins fort estimés; de belles prairies s'étendent au-devant de la
propriété et lui donnent ce charmant cachet de grâce
et de fraîcheur qu'ont tous les domaines qui sont ainsi
parés d'une belle nappe de verdure; car une propriété sans prairie ne possède qu'un charme médio-
cre; il faut de la verdure au milieu des bois et des
jardins, sans cela, la vue ne se repose pas mollement,

et par cela même, l'attrait ne reste pas enchanteur;
une simple pelouse réjouit toujours la vue et rompt
la monotonie du paysage; il faut de l'ombre et de la
verdure aux grands arbres pour les parer et les em-
bellir pendant la belle saison, et quand l'hiver vient
dépouiller leurs rameaux, la campagne paraît encore
belle avec l'aspect des prairies qui se déroulent toujours comme un beau tapis au milieu des jardins, des
terres et des bois !

Le plantier de Noës et les villages de Madran et
du Monteil sont charmants et gracieux comme ceux
du Poujeau, de la Canelette et de Sardine; on ne
voit partout que de joyeux cottages et de fraîches
villas parées de ces beaux vignobles produisant des
vins délicieux !

La charmante propriété de M. Grangeneuve est
d'un aspect vraiment délicieux, entre la route départementale et le chemin de fer.

En face de M. Grangeneuve est le joli cottage de
M. Rivereau, ancien maire de Pessac. En avançant
toujours sur la route qui conduit à Arcachon, on aperçoit, en passant, la propriété de M. Cazalis, avec son
charmant bosquet au-devant de la maison d'habitation et vis-à-vis le beau château de M. Clouzet, ré-
cemment construit.

M. Clouzet, ex-propriétaire du Pape-Clément, n'a
pas voulu quitter ce domaine sans attacher son nom
à un autre créé et embelli par lui. Le château con-

siste en une belle construction élégamment bâtie.
Nous regrettons l'absence de quelques tourelles qui
auraient bien ornementé cette belle demeure. Les
vignobles de M. Clouzet, travaillés et entretenus à la
façon du Médoc, méritent tout éloge et rivalisent
avec ceux du Pape-Clément. L'art et le bon goût ont
aussi passé dans ces parages, et la belle situation de
ce beau domaine avec ses pelouses et ses massifs
d'arbres, jeunes encore, le font classer parmi les
belles propriétés de Pessac.

Suivons toujours la route départementale et nous
remarquerons, en passant, les belles et grandes propriétés d'agrément et surtout de grands revenus de
MM. Saint-Martin, Chevalier, Néron, Boursier et
Besson.

Quelle richesse, quelle fortune que celle que re-
présentent toutes ces vastes propriétés, produisant
en abondance des fourrages, des bois de chauffage
et de construction et des résines, de nombreux trou-
peaux de vaches parcourant ces beaux domaines où
le laitage donne encore d'excellents revenus à leurs
propriétaires.

Nous n'oublierons pas de signaler ici, derrière le
château Clouzet, la fraîche propriété de MM. Denan
et Sursol, avec leurs vignobles produisant des vins
recherchés, et le beau domaine de M. Beylot, magnifique propriété à quelques minutes de la route départementale, en face de celle de Madran; beaux

ombrages, grandes prairies et un joli vignoble produisant d'excellents vins, comme ceux du château
Clouzet.

Derrière M. Beylot, se trouve le domaine de Bour-
gailh, à M. le comte de Puységur, riche en pâturage
et en grands bois et arrosé par le ruisseau du Peugue.

Les gros pavillons du domaine de la ferme expérimentale se montrent un peu plus loin. Le Peugue,
qui arrose ce domaine si connu, a une retenue d'eau
faisant marcher un moulin hydraulique et mettant en
mouvement des meules à farine.

La ferme expérimentale appartient aujourd'hui à
M. Voisin-Laforge. Grâce aux soins qui vont être
donnés par ce nouveau propriétaire, les beaux vignobles d'autrefois vont reparaître reproduisant encore
des vins très-estimés.

En revenant sur la route départementale, vers
le Monteil, nous signalerons la campagne de M. Tes-
sier, dans une belle position entre la route et le chemin de fer.

Et cette belle maison blanche à la toiture ornée
de balustres qui se montre si bien entourée d'arbres
séculaires au bord de la ligne ferrée, c'est le domaine de M. Fort, traversé par le ruisseau de Gazinet. Cette propriété, une des plus belles de Pessac,
possède des bois magnifiques ; c'est une des habitations des plus agréables de la commune.

Derrière sont les villages de Ladonne et de Sardine, sillonnés par les routes qui conduisent à Canéjan et à Cestas; on y remarque les jolies propriétés de MM. Lunel, Pery, Léotard, Jolivel, Labrouche; prairies, vignobles et grands bois, sur des routes très-fréquentées; toutes ces propriétés produisent aussi d'excellents vins. En se rapprochant du bourg de Pessac, on remarque l'antique propriété de M. Galibert, bien fraîche et bien ombragée, et celle, plus belle encore, de Bagatelle, à M. Paul Rodrigues. C'est une perle de campagne, fraîche, coquette et délicieusement posée à l'angle de deux belles voies, traversées par le joli ruisseau de Gazinet. En face, de l'autre côté de la route qui conduit du bourg de Pessac à Saige ou à Glady, on aperçoit le grand domaine de Condom, ayant appartenu à l'excellent M. Lange, acheté par M. J. Lacou. Grands vignobles, vastes prairies, grandes maisons aux vastes dépendances, garenne de pins et de chênes de toute beauté, pièce d'eau magnifique, c'est Condom et le Noéra, limité par un joli ruisseau qu'alimente des sources ferrugineuses destinées à être grandement utilisées un jour; car leurs eaux sont reconnues des plus salutaires comme froides, se rapprochant de celles de Bussang.

C'est dans Condom que se trouve aussi le joli vignoble du Clos-Saint-Martin, à M. J. Lacou, produisant des vins pleins de finesse et d'une sève particulière.

En face le Noéra se trouvent les propriétés de MM. Avemann et Chaperon, avec leurs élégants vignobles dont les vins jouissent d'une excellente réputation.

Après le Noéra, vient M. Glady et son châlet gracieux caché sous des touffes d'arbres. A l'entrée de ce grand domaine, se trouve une belle pièce d'eau ornée d'aulnes et de peupliers; de belles prairies se déroulent au loin, ainsi qu'un joli vignoble embellissant on ne peut mieux l'ancien domaine de Saige.

Attenant à M. Glady, est M. Gatelet, sur la route qui conduit du bourg de Pessac à Talence et Gradignan. La propriété de M. Gatelet, en nature de bois et de prairies, est d'un excellent revenu, très-bien située à l'angle de deux routes; la maison, sise sur une éminence, laisse voir un joli diorama qui se déroule au nord-est. Il faut que la vieille maison de ce domaine soit démolie, et qu'un châtelet coquet et gracieux la remplace au plus vite pour égayer un peu mieux le paysage.

En suivant la route qui conduit à Talence, on passe devant la propriété de MM. Pommez et Charchies, d'où l'on découvre un joli point de vue sur les coteaux qui bordent la Garonne, ainsi que de beaux vignobles entretenus avec un soin tout particulier.

La propriété de Brivazac, ancienne magnanerie, apparaît comme perdue au milieu des grands bois; c'est un séjour enchanté plein d'ombre et de fraicheur. Toutes ces propriétés sont garnies de vignobles produisant des vins classés et très-estimés, du reste, comme tous ceux qui viennent dans Pessac, car les vins y sont partout excellents; mais particulièrement ceux qui proviennent des vignobles situés sur les pentes des collines.

Nous remarquons encore dans Pessac la propriété de M. Blot, entretenue avec beaucoup de soin, et sa belle pièce d'eau entourant une île complantée de grands chênes, et son châlet élégant qui se mire sur un des côtés de la jolie pièce d'eau.

Et l'on remarquera aussi sur la route départementale, entre le Haut-Brion et le Monteil, les charmantes campagnes de MM. Valet, Calmon, de Mme Héron, de M. Eyraud; ce dernier a compris l'avenir dans les constructions élégantes pour parer les villages et les campagnes, et son charmant châtelet se fera toujours admirer du passant.

La route départementale, dont la partie comprise entre le Haut-Brion et le quartier de Lalouette, forme aujourd'hui la grande rue de Pessac; à droite et à gauche, on remarque encore de charmantes villas qui, comme les grands biens de campagne de Pessac, se louent parfaitement pendant la belle saison, du mois d'avril au 1er décembre. Un grand nombre d'étrangers et de Bordelais viennent ainsi louer ces délicieuses habitations, où l'on respire le bon air du canton; c'est une foule vive et animée que l'on voit circuler en été dans Pessac, et, comme l'hirondelle, chaque localaire aime à revenir habiter, chaque printemps, les lieux qu'il aime et qu'il chérit.

Les nombreuses constructions qui s'élèvent, chaque année, autour du bourg et dans ses fraîches campagnes, peuvent offrir encore des habitations à louer, déjà si recherchées à l'entrée du printemps; il en faudrait trois fois autant pour satisfaire les désirs de beaucoup de personnes souffrantes qui viennent dans Pessac pour respirer le bon air, de même que beaucoup de familles y conduisent leurs petits enfants pour les fortifier pendant la belle saison.

La belle vallée de Condom, située de l'autre côté de la voie ferrée, près de l'église de Pessac, commence à se montrer joyeuse avec les nouvelles habitations que l'on vient de créer. Cette vallée ressemble à un de ces jolis sites des Pyrénées. Les eaux, l'ombre et la fraîcheur y règnent constamment en été. Les propriétés Galibert et Gautier embellissent son entrée, avec celle de M. Rodrigues. Les prairies morcelées de Condom vont se parer bientôt de nouvelles constructions, ainsi que quelques parties du bois de Noéra. Bientôt tout sera bâti jusqu'au domaine de Saige.

Nous voici arrivés à peu près à la fin de nos descriptions concernant la ville de Pessac; nous allons maintenant continuer notre œuvre par la description des communes de Candéran et de Mérignac, et des campagnes du Tondu.

FIN DE LA PREMIÈRE PARTIE.

www.ingramcontent.com/pod-product-compliance
Lightning Source LLC
Chambersburg PA
CBHW070741210326
41520CB00016B/4541